Ma Yan

Criação resistente de suas especiarias de flor

Ma Yan

Criação resistente de suas especiarias de flor

ScienciaScripts

Imprint

Cover image: www.ingimage.com

This book is a translation from the original published under ISBN 978-3-659-83316-8.

Publisher:
Sciencia Scripts
is a trademark of
Dodo Books Indian Ocean Ltd. and OmniScriptum S.R.L publishing group

120 High Road, East Finchley, London, N2 9ED, United Kingdom
Str. Armeneasca 28/1, office 1, Chisinau MD-2012, Republic of Moldova, Europe
Printed at: see last page
ISBN: 978-620-8-32822-1

ÍNDICE DE CONTEÚDOS

Prefácio

Este livro divide-se em duas partes: uma é o melhoramento de *Platycodon Grandiflorus* resistente ao acamamento e a outra é o melhoramento de *Oenothera speciosa* resistente ao frio. O método de hibridação distante foi utilizado no melhoramento de *Platycodon Grandiflorus* resistente ao acamamento, e a plântula individual melhorada foi selecionada a partir da geração F 1, e depois a plântula desenvolvida foi obtida a partir da geração S1, que tem os caracteres do objetivo de melhoramento, mas a experiência precisa de ser feita continuamente para obter a descendência homozigótica. A tecnologia de implantação de iões foi utilizada no melhoramento de *Oenothera speciosa* resistente ao frio. Neste estudo, as sementes de *Oenothera speciosa* foram implantadas com iões de silício, obtendo-se *Oenothera speciosa* resistente ao frio, capaz de hibernar em Pequim, e as gerações M2 e M3 foram popularizadas e aplicadas.

Neste livro, são apresentados em pormenor o método e o processo de reprodução de duas espécies de flores. No melhoramento de *Platycodon Grandiflorus* resistente ao acamamento, foram utilizados quatro métodos: hibridação distante, híbrido de grupo da geração F1, retrocruzamento da geração F1 com progenitor recorrente (macho) e autocruzamento da geração F1. Na criação resistente ao frio de *Oenothera speciosa*, foram utilizados a seleção e a domesticação, a seleção em massa, o autocruzamento, a hibridação, a criação radioactiva^{60} Co-y e a criação por implantação de iões de sódio, tendo sido obtidas plântulas resistentes ao frio através da criação por implantação de iões de sódio. A geração M2 e a geração M3 de *Oenothera speciosa* resistente ao frio foram amplamente utilizadas em testes regionais na cidade de Pequim e no campo dos subúrbios, tendo as caraterísticas de resistência ao frio sido validadas por identificação no campo e em laboratório. A *Oenothera speciosa* resistente ao frio foi aplicada em Pequim.

Esta investigação decorreu entre 2004 e 2015, o autor agradece sinceramente aos assistentes de projeto Yan Lin, Liping Sun, Huali Zhang, Fang Liang, Maoliang Wang, Haibo Xin, Lina Song e etc. pela ajuda e apoio durante o programa de reprodução.

Palavras chave: *Platycodon Grandiflorus*, seleção de plantas resistentes ao acamamento, *Oenothera speciosa*, seleção de plantas resistentes ao frio

UM

Reprodução de *Platycodon Grandiflorus* resistente ao alojamento com hibridação à distância

Resumo

A hibridação distante foi utilizada no melhoramento de *Platycodon grandiflorus* resistente ao acamamento. Os progenitores foram *Platycodon grandiflorus* (Ç) e *Campanula medium* 0). Cento e oitenta e sete sementes da geração F_1 foram colhidas por hibridação intergenérica em 2009 e 2010, e foram obtidas oitenta e oito plântulas normais. As caraterísticas das folhas, caules e ramos eram iguais às da fêmea para a geração F1, geração F2, geração BCF1 e geração S1, e havia algumas caraterísticas diferentes das da fêmea, que eram as cores das flores, o hábito de ramificação e a altura das mudas. Foi selecionada uma plântula resistente ao acamamento da geração F1, com cerca de setenta e cinco centímetros de altura, uma flor de cor rosa intenso e um ramo lateral desenvolvido. Os grupos de ADN de cada geração foram separados por eletroforese em gel de agarose a 1% e não se verificaram diferenças significativas. Foram obtidas várias cores e formas de flores de cada geração.

Palavras chave: Reprodução resistente ao acamamento, *Platycodon grandiflorus*, *Campanula medium*, hibridação distante

Introdução

A Platycodon grandiflorus é cultivada como uma espécie de plântula medicinal na China, cuja raiz pode ser utilizada como medicina tradicional chinesa. Devido à sua longa floração, as cores azul, roxa e branca da *Platycodon grandiflorus* são raras nas flores de jardim. Assim, a *Platycodon grandiflorus* ia ser utilizada na paisagem, mas durante a aplicação da *Platycodon grandiflorus* foram encontradas caraterísticas de acamamento, que poderiam afetar o valor ornamental da paisagem. O trabalho de investigação foi então alargado para recolher as plântulas de *Platycodon grandiflorus* resistentes ao acamamento, mas o trabalho de seleção falhou durante muitos anos. Por conseguinte, a criação de plantas resistentes ao acamamento foi levada a cabo como conteúdo da investigação.

Em *Platycodon grandiflorus*, foram encontradas mutações nos botões, nomeadamente a flor de cor dupla, o número de pétalas superior ou inferior ao normal, a flor de pétala dupla, etc. Estas caraterísticas podem ser induzidas para dar origem a novas variações. Dado que a forma do estigma, o estilo, a antera e o filamento de *Platycodon grandiflorus* e *Campanula medium* são semelhantes, e o objetivo de reprodução é *Platycodon grandiflorus* resistente ao acamamento, *Platycodon grandiflorus* foi escolhido como progenitor feminino e *Campanula medium* como progenitor masculino. No cruzamento, a influência do progenitor feminino na descendência híbrida é frequentemente mais forte do que a do progenitor masculino [1].

Nesta investigação, a hibridação inter-genérica entre *Platycodon grandiflorus* (Ç) e *Campanula medium* 0) foi utilizada no melhoramento da resistência ao acamamento e foram obtidas muitas caraterísticas novas na geração F_1, tais como cores vivas, forma anã, ramo lateral desenvolvido, resistência ao acamamento, etc. A plântula melhorada foi selecionada a partir da geração F_1, que foi utilizada para autocruzamento, e as caraterísticas da geração S_1 foram melhores do que as da geração F_1 . Utilizando o método de auto-cruzamento de geração em geração, foi possível obter uma geração desenvolvida que será adequada para a horticultura.

1. Método de investigação e seleção dos pais

(1) Método

A hibridação distante foi utilizada para a criação de plantas resistentes ao acamamento devido ao facto de existir uma espécie de *Platycodon grandiflorus*. A relação de parentesco mais próxima da hibridação distante é entre os géneros. O género híbrido foi utilizado neste estudo.

(2) Seleção dos pais

1) Feminino

A Platycodon grandiflorus é uma flor perene, pertencente à família das *Campanulaceae* e ao género *Platycodon. O Platycodon grandiflorus* foi introduzido em Pequim pelo Instituto de Paisagismo e Jardinagem de Tianjin em 2004.

A Platycodon grandiflorus tem cerca de 20-120 centímetros de altura (a plântula tem 20 centímetros de altura no primeiro ano), os caules são erectos, glabros, mesmo densamente curtos, não ramificados, raramente ramificados na parte superior. As folhas são em espirais, parcialmente em espirais a todas alternadas, sésseis ou com pedúnculo curto, ovadas, ovadas elípticas a lanceoladas, com 2-7 centímetros de comprimento, 0,5-3,5 centímetros de largura e bordo serrilhado. Uma única flor encontra-se no topo, ou o número de flores integra os pseudoracemos, ou a inflorescência ramifica-se formando panículas. A corola tem cerca de 1,5-4,0 centímetros de comprimento, de cor azul ou púrpura, ou raramente branca, com floração de 7-9 meses. Base cromossómica 2n=18.

A Platycodon grandiflorus é originária da China, da Coreia do Norte, do Japão, do Extremo Oriente da União Soviética e do sul da Sibéria Oriental. Cresce na relva e nos arbustos, menos do que na floresta, a uma altitude de 0-2000 metros acima do nível do mar. [China flora 73 (2) volume]

2) Masculino

A Campanula medium é uma flor bienal, pertencente à família das *Campanulaceae* e ao género da *Campanula. A Campanula medium* foi introduzida pela Dongsheng Seed Co. Ltd. em 2008.

A Campanula medium tem cerca de 70-80 centímetros de altura, racemo no ápice, corola campanulada. O caule é ereto, robusto, castanho-avermelhado e com pêlos cerdosos. As folhas basais são pedunculadas e lanceoladas a elípticas, com 12-15 centímetros de comprimento e bordo serrilhado. As folhas superiores são mais pequenas, lanceoladas e sésseis, quase abraçando o caule. As flores estão dispostas numa inflorescência racemosa de floração extremamente longa. As flores são de caule curto, grandes e hermafroditas, com diferentes tonalidades de azul-violeta ou, raramente, branco. A corola tem cinco pétalas fundidas com lóbulos ligeiramente dobrados. Base cromossómica 2n=34.

A Campanula medium é originária do sul da Europa. Cresce em encostas pedregosas, rochosas e arbustivas, a uma altitude de 0-1500 metros acima do nível do mar. Está naturalizada na maioria dos países europeus e na América do Norte, e é amplamente cultivada pelas suas belas flores. [Da Wikipédia, a enciclopédia livre] As imagens da planta-mãe são mostradas na Figura 1. As imagens do estilo e do pólen da planta-mãe são mostradas na Figura 2

1.Female

2.Male

Figurel. Imagens dos pais

Style of male   Style of female   Left: Pollen of *Platycodon grandifloras*

Right: Pollen of *Campanula medium*

Figura 2. Estilo e pólen dos progenitores

2. Hibridação inter-genérica

A hibridação à distância, como método de melhoramento, pode introduzir os genes úteis de diferentes espécies e géneros e constituir uma forma importante de melhorar as variedades existentes. Com o desenvolvimento da biotecnologia, a hibridação entre variedades era difícil de satisfazer as exigências dos objectivos de melhoramento, e a hibridação à distância vai ser amplamente utilizada e tornar as técnicas de melhoramento mutuamente integradas[2].

(1) Pai

Platycodon grandiflorus é fêmea, *Campanula medium* é macho.

(2) Etapas da polinização artificial e do cultivo das plântulas

1) Os estames de *Platycodon grandiflorus* foram castrados antes da deiscência das anteras e as pétalas não foram removidas.

2) As flores fêmeas castradas foram colocadas no saco anti-pólvora.

3) Quando as flores femininas castradas estavam a abrir, o saco anti-pólen foi retirado e o estigma foi polinizado com pólen de *Campanula medium*, sendo depois o saco recuperado.

4) O saco anti-pólvora foi retirado aquando da secagem do estigma.

5) Os frutos foram colhidos depois de as sementes estarem maduras.

6) As sementes foram limpas e numeradas.

7) As sementes foram semeadas em tabuleiros em estufas no inverno.

8) As plântulas sobreviventes foram transferidas para vasos e cultivadas como plântulas de contentor, que seriam plantadas em campo aberto na primavera seguinte.

As quatro imagens seguintes da figura 3 mostram as fases de ensacamento após a polinização artificial, a colheita dos frutos, a sementeira em tabuleiro e o cultivo das plântulas em contentor.

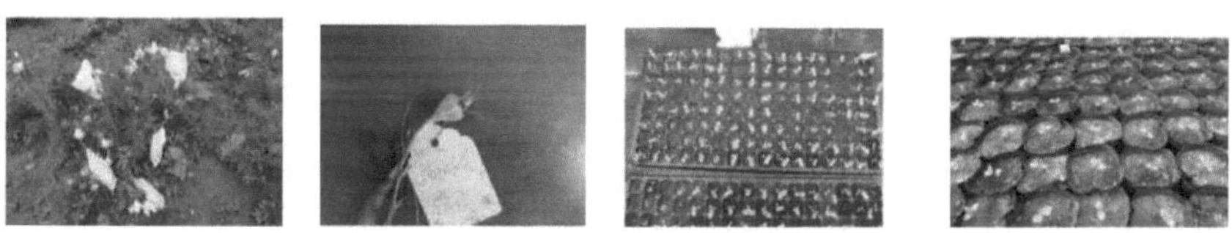

Bagged after pollination Harvest fruit Plug tray sowing Pot seedling cultivated

Figura 3. Processo parcial da polinização ao cultivo de mudas

(3) O processo e o resultado da hibridação inter-genérica

A experiência de hibridação inter-genérica foi realizada entre *Platycodon grandiflorus* (♀) e *Campanula medium* (♂) de 2009 a 2010. O estigma foi polinizado duas vezes no dia e no dia seguinte, respetivamente. A data de polinização, horários e número de flores foram listados na Tabela 1, na Tabela 1 os códigos foram definidos: *Platycodon grandiflorus* [PG, ?], *Campanula medium* [CM, $], os resultados da hibridação foram listados na Tabela 2.

Tabela. Data, horas e número de flores da polinização

Parents	Emasculation (y-m-d)	Pollination date (y-m-d)	Pollination No.
PG(♀)×CM(♂)	2009-6-16	2009-6-16、17	24
PG(♀)×CM(♂)	2009-7-1	2009-7-2、3	25
PG(♀)×CM(♂)	2010-6-24	2010-6-24、28	31

Quadro 2. Dados de registo da hibridação inter-genérica

Parents	Seed setting No.	Seed setting rate (%)	Seeds No.	Seedling No.(F_1)	Seedling rate (%)
PG (♀) ×CM(♂)	1	8.3	23	11	47.8
PG(♀)×CM(♂)	3	12.5	140	63	45.0
PG(♀)×CM(♂)	2	2.2	24	14	58.3
Average		7.6			50.4

Neste estudo, como mostram os quadros 1 e 2, as hibridações inter-genéricas foram efectuadas 3 vezes e foram polinizadas 80 flores no total, tendo sido colhidas 6 sementeiras com 187 sementes. Os frutos da geração F_1 puderam ser obtidos em cada uma das hibridações inter-genéricas, mas as taxas de vingamento das sementes foram muito diferentes, de 2,2% a 12,5%, o que revela uma forte aleatoriedade, e a taxa média de vingamento das sementes foi de 7,6%. Embora o total de 187 sementes tenha sido colhido, apenas 88 sementes foram efectivas, e a taxa média de plântulas foi de 50,4%. As 88 plântulas da geração F_1 foram cultivadas em campo aberto.

A forma e o tamanho das sementes da geração F_1 foram semelhantes aos da fêmea, mas existem algumas diferenças nas cores, as sementes da geração F_1 são pretas e castanhas, em comparação com os seus progenitores, em que as sementes da fêmea são pretas e as do macho são castanhas. As imagens das sementes do pai e da geração F_1 foram mostradas na Figura 4.

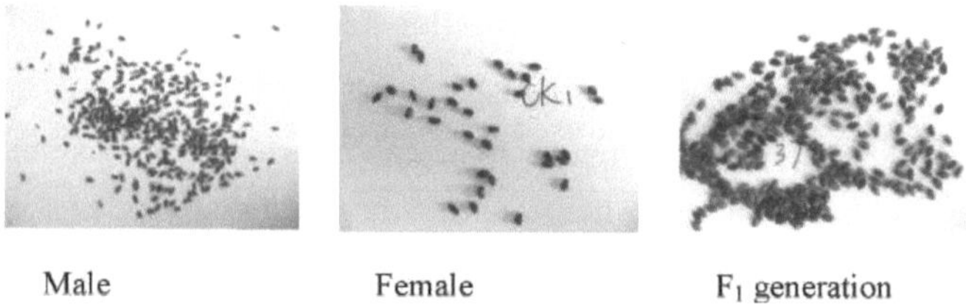

Figura 4. Fotos das sementes dos pais e da geração F_1

(4) As caraterísticas da geração F_1 no primeiro ano

A plântula de *Platycodon grandiflorus* tem cerca de 20 centímetros de altura e fica prostrada no chão no primeiro ano, depois terá cerca de 120 centímetros de altura e ficará erecta no segundo ano e seguintes. Em 2011 e 2012, os resultados do estudo revelaram que a altura das plântulas da geração F_1 era a mesma que a da sua fêmea no primeiro ano e que também estavam prostradas no solo, mas havia algumas novas mutações nas cores ricas da flor, especialmente a flor de cor dupla. As plântulas da geração F_1 foram plantadas no campo no primeiro ano, como mostra a Figura 5.

Figura 5. Plântulas da geração F1 no primeiro ano

(5) Determinação e seleção da planta objetivo de reprodução

De 2011 a 2014, as caraterísticas da geração F_1 foram investigadas após o reavivamento, que foram a resistência ao acamamento, a altura das mudas, a forma das mudas, as cores das flores, o número de ramos, o número de ramos laterais e o número de flores. De acordo com os dados do inquérito, as plântulas que se alojaram, as plântulas com poucos ramos e poucas flores, as plântulas com forma irregular e as plântulas com altura excessiva foram eliminadas das 88 plântulas da geração F_1 . Finalmente, foi selecionada a plântula individual que estava de acordo com as exigências do objeto de reprodução. Os motivos de eliminação da geração F_1 foram o número de ramos inferior a 10 após três anos, a altura das plântulas superior a 100 centímetros e as plântulas com poucos ramos laterais. Os registos da pesquisa foram listados no Quadro 3, ano a ano. Como o Quadro 3 mostra que 81 plântulas da geração F_1 foram eliminadas em 2011, de 2011 a 2013 foi selecionada apenas uma plântula individual da geração F_1 , que era a número um no Quadro 3, a qual apresentava resistência ao acamamento, cor brilhante, ramo curto, mais ramo, ramo lateral desenvolvido e forma graciosa de plântula. As fotos da muda individual melhorada foram mostradas na Figura 6.

Tabela3. Caracteres básicos e valor médio de 2011 a 2013

Sample	Seedling height(cm)			Branch No.			Lateral branch No.			Flower No. of each branch		
	11y	12y	13y	11y	12y	13y	11y	12y	13y	11y	12y	13y
1.Deep pink	70	80	75	13	14	16	11	13	12	62	63	64
2.Purple	74	87	95	6	9	8	eliminated					
3.Light purple	96	96	118	eliminated								
4.Light blue	86	97	120	eliminated								
5.Deep purple	70	100	eliminated									
6.Deep blue	98	105	eliminated									
7.Purple	90	103	eliminated									

Figura 6. Grupo de geração F_1 e a muda individual melhorada

3. Seleção em bloco de F_1 geração

Os efeitos subsequentes da hibridação são mostrados na geração F_2 e nas gerações posteriores. O novo tipo de mudas melhoradas pode ser obtido pela separação e recombinação de genes, que é o efeito aditivo do gene. O rácio de separação da geração F2 é o maior, por isso as populações da geração F_2 devem ser suficientemente grandes para conter todos os tipos de genes ideais que podem ser a plântula recombinante homozigótica [3].

Para criar mais variações, as 74 plântulas das gerações F_1 como um grupo foram polinizadas abertamente para obter a geração F_2 em 2010. As caraterísticas da geração F_2 foram investigadas de 2011 a 2015, as cores ricas eram semelhantes às da geração F_1, e mais formas novas de flores foram encontradas no grupo da geração F2. Em particular, foram encontradas as verdadeiras flores de pétala dupla. Antes, a variação das pétalas duplas provinha dos estames e do cálice para se transformar em pétalas. Além disso, alguns números de pétalas eram mais ou menos do que os números normais de pétalas. As imagens das novas cores e formas de flores são apresentadas na Figura 7.

Figura 7. Forma variada da flor da geração F2

4. Cruzamento de costas

O retrocruzamento é um método especial de cruzamento, e o retrocruzamento e a seleção são utilizados repetidamente para melhorar as variedades, o que constitui um método eficaz para controlar a população híbrida e melhorar os caracteres individuais da população híbrida. Foi provado que é uma forma eficaz de resolver o problema da esterilidade híbrida e das longas gerações segregantes sobre a hibridação distante [2]. Neste estudo, as 7 plântulas da geração F_1 foram retrocruzadas com o progenitor recorrente *(Campanula medium)* em 13 de julho de 2011, que tinha sido selecionado a partir de grupos da geração F_1 , uma vez que a polinização, emasculação e polinização foram realizadas ao mesmo tempo. As sementes da geração BCF_1 foram colhidas em 9 de outubro de 2011 e semeadas em

21 de novembro de 2011. Os dados da pesquisa de retrocruzamento foram listados na Tabela 4, na Tabela 4 os códigos foram definidos: nF_1 [n (No.), $], *Campanula medium* [CM, $]. Como mostra a Tabela 4, no retrocruzamento, a taxa média de fixação de sementes foi de 42,1% e a taxa média de plântulas foi de 64,7%, estes resultados foram superiores aos da hibridação inter-genérica. Mas as mudas com melhores caraterísticas

da geração BCF_1 não foram encontradas nos anos posteriores.

Quadro 4. Dados de registo de retrocruzamentos

Parent	Pollination No.	Seed setting No.	Seed setting rate (%)	Seeds No.	Seedling No.	Seedling rate (%)
$1F_1$(♀)×CM(♂)	15	13	86.7	457	316	69.1
$2F_1$(♀)×CM (♂)	9	4	44.4	51	18	35.3
$3F_1$(♀)×CM (♂)	12	1	8.3	68	57	83.8
$4F_1$(♀)×CM(♂)	10	1	10.0	62	33	53.2
$5F_1$(♀)×CM(♂)	9	5	55.6	109	51	46.8
$6F_1$(♀)×CM(♂)	8	5	62.5	623	520	83.5
$7F_1$(♀)×CM(♂)	11	3	27.3	155	126	81.3
Average			42.1			64.7

5. Autocruzamento

O heterozigoto autocruzado pode levar a que a segregação dos genes da descendência e a composição genética da população da descendência se tornem homozigóticas rapidamente. O heterozigoto autocruzado pode levar a que o alelo se torne homozigótico, o que pode ser herdado de forma constante, ao mesmo tempo que o gene recessivo pode ser expresso, de modo a ajudar a eliminar o indivíduo recessivo mau e a melhorar a composição genética da população[4].

Através da hibridação inter-genérica de *Platycodon grandiflorus* (Ç) e *Campanula medium (f),* a seleção em massa da geração F_1 e o retrocruzamento da geração F_1, apenas uma plântula objetiva (No.1 na tabela 3) foi selecionada do grupo da geração F_1 que seria utilizada como material de reprodução. Assim, o método de autocruzamento foi utilizado para a autocombinação pela plântula objetiva e para obter a plântula desenvolvida que seria popularizada e aplicada.

A plântula objetivo da geração F_1 foi coberta com uma rede anti pó para polinização livre de 14 de junho de 2012 a 8 de agosto de 2012. No autocruzamento, foram colhidas 16 sementes e 530 sementes, foram obtidas 348 mudas, a taxa média de fixação de sementes foi de 2,1% e a taxa média de mudas foi de 65,7%. De 2014 a 2015, foi selecionada a muda da geração S_1 que foi melhorada a muda objetiva do

Geração Fi. As imagens da plântula de auto-cruzamento e da plântula da geração Si foram mostradas na Figura 8.

Covered F_1 generation and Self-cross Seedlings of S_1 generation

Figura 8. Plântulas de autocruzamento e a geração S_1

6. Comparação e análise exaustivas

Neste estudo, a investigação sobre a hibridação inter-genérica com *Platycodon grandiflorus* (Ç) e *Campanula medium* (f), auto-cruzamento da geração F_1 e retrocruzamento com F_1 (Ç) e *Campanula medium* (f) foi realizada de 2009 a 2015.

(1) Comparação e análise de raças

A investigação de reprodução do número de polinização, número de configuração de sementes, taxa de configuração de sementes, número de sementes, número de mudas e taxa de mudas foram listados na Tabela 5, comparar a taxa de mudas de sementes: autocruzamento < hibridização intergenérica < retrocruzamento, a razão pode ser que a criação de autocruzamento foi a autopolinização que o período de crescimento diferente de pistilo e estame na mesma flor causou a baixa taxa de configuração de sementes [5]. A hibridação inter-genérica é de uma relação filogenética distante, o mecanismo de isolamento foi produzido durante o processo evolutivo, pelo que a taxa de fixação de sementes é muito baixa [6]. A taxa de germinação das sementes foi a mais elevada para o retrocruzamento neste teste, tendo-se provado que o método de retrocruzamento é uma forma eficaz de resolver os problemas da hibridação distante, que são a esterilidade híbrida e o isolamento de geração em geração durante muito tempo [2]. Além disso, a hibridação inter-genérica foi repetida 3 vezes e, em cada uma delas, foram obtidas sementes vivas que puderam crescer e ser semeadas.

Tabela 5. Resultados da hibridação de retrocruzamentos e autocruzamentos

Parent	Pollination No.	Seed setting No.	Seed setting rate (%)	Seed No.	Seedling No.	Seedling rate (%)
PJ(♀)×CM(♂)	80	6	7.6	187	88	50.4
F_1(♀)×CM (♂)	15	13	86.7	457	316	69.1
F_1(♀)×F_1 (♂)	779	16	2.1	530	348	65.7

(2) Comparação e análise de caraterísticas

As caraterísticas da altura das plântulas, número de ramos, número de ramos laterais e número de flores das plântulas individuais melhoradas da geração F_1 , da geração S_1 e da geração BCF1 foram comparadas e os resultados foram listados na Tabela 6, como a Tabela 6 mostrou que a altura das plântulas foi, geração S1 < geração $_{F1}$ < BCF $_1$ geração < fêmea, houve diferença significativa entre cada geração e fêmea. O número de ramos foi, geração S1 > geração $_{F1}$ > geração BCF1 > fêmea, houve diferença significativa entre a geração S1 e a geração $_{F1}$ com a geração BCF1 e a fêmea. O número de ramos laterais foi: Geração S1 > Geração $_{F1}$ > Geração BCF1, houve diferença significativa entre a geração S1 e a geração $_{F1}$ com a geração BCF1. O número de flores de cada ramo foi: S1 geração>F1 geração>BCF1 geração>fêmea, houve diferença significativa entre cada geração e fêmea. Especialmente a plântula S1 selecionada tem as caraterísticas desenvolvidas. A utilização do autocruzamento artificial e da seleção de reprodução não só pode tornar o gene homozigótico, mas também fazer com que o carácter desenvolvido seja acumulado e reforçado [2]. As análises de comparação entre amostras foram testadas pelo método One-Way ANOVA.

Tabela 6. Análise comparativa das caraterísticas das diferentes gerações (valor médio para vários anos)

Sample	Color	Seedling height (cm)	Branch No.	Lateral branch No.	Flower No. of each branch
♂	White, Purple	78.3±4.41	1±0.0	0	28.0±1.155
♀	White, Purple	120.0±5.77a	8.0±0.58b	0	22.3±0.33c
F1	Deep pink	75.0±2.89b	14.3±0.88a	12.0±0.58a	63.0±0.58a
S1	Deep pink	70±2.89b	15.67±0.88a	12.33±1.20a	65.00±1.15a
backcross	Deep pink	80±2.00b	10.0±1.00b	8.5±0.50b	47.0±1.00b

Nota: Os valores são a média ±SE, letras diferentes na mesma coluna indicam valores médios estatisticamente

diferentes a $p < 0,05$, conforme determinado pelo teste LSD.

A razão da resistência ao acamamento pode ser a ramificação lateral desenvolvida que faz com que o centro de gravidade da plântula baixe. O aumento do número de flores de cada ramo também pode ser o ramo lateral desenvolvido. Variedades com altura de plântula moderada, ponto de ramificação, altura de plântula e número de ramos, centro de gravidade de plântula mais baixo, arquitetura de plântula compacta possuem alta resistência ao acamamento [7].

Os resultados do estudo e as fotografias mostraram que a cor das flores de cada geração era diferente da dos seus progenitores, mas as folhas, caules e formas das flores eram iguais às da fêmea, o que pode ter duas razões, uma é o fenómeno da apomixia e a outra é a hibridação distante. O material genético da descendência apomítica é igual ao do macho ou da fêmea, e o carácter também é igual ao do macho ou da fêmea [3]. Algumas pessoas pensaram que o híbrido distante não mudou necessariamente no número de cromossomas e formas, este problema deve ser investigado no futuro [3].

7. Identificação comparativa

(1) Cultura de tecidos de mudas de flores de duas cores

O ramo tenro das duas mudas de flores de cor dupla (branco-roxo e branco-rosa) da geração F1 foram explantes para cultura de tecidos com meio MS em 30 de setembro de 2010, as mudas de cultura de tecidos foram plantadas em vermiculita para transição em 18 de abril de 2011, e as mudas de transição foram plantadas em vasos em 23 de maio de 2011, e as mudas de vaso foram plantadas no campo em 2 de agosto de 2011. Os resultados da pesquisa foram obtidos que todas as mudas de cultura tinham a flor de manchas de cor dupla no primeiro ano, depois de reviver nos segundos anos a flor era a mesma com as mudas de estoque. Para explorar a partir da experiência, as manchas florais podem não ser causadas por um vírus. As técnicas de cultura de tecidos podem ser utilizadas para a produção de mudas. As plântulas de cultura de tecidos foram mostradas na Figura 9.

Figura 9. Plântula de cultura de tecidos

(2) Identificação das diferentes gerações

Os grupos de ADN foram extraídos para a geração F_1 , a geração F2, a geração S_1 , a geração BCF1 e os progenitores, utilizando o Plant Genomic DNA Kit, produzido pela Tiangen Biotech (Beijing) CO, LTD. A imagem do grupo de ADN é apresentada na figura 10. Na figura 10, a primeira coluna é o marcador e as outras são os grupos de ADN de diferentes gerações.

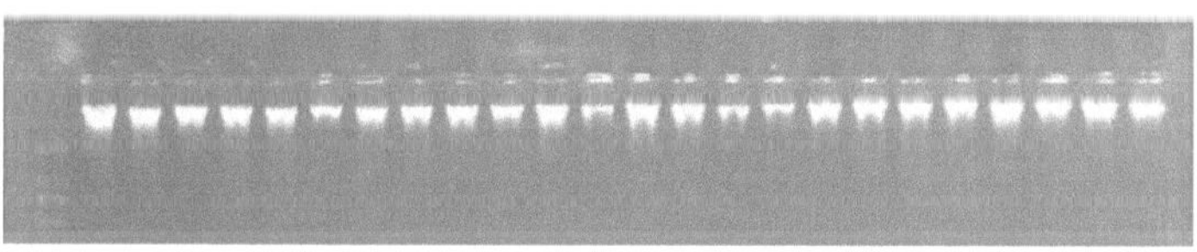

Figura 10. Grupos de marcadores e de ADN de diferentes gerações

2) A separação por eletroforese da comparação dos grupos de ADN

A técnica de PCR foi utilizada para alargar o grupo de ADN e o método CTAB modificado foi utilizado para extrair ADN para a reação de amplificação RAPD. Sistema de PCR: o volume total do sistema de reação básico foi de 25pL, que inclui 10xPCR buffer2.5pL, 25mmol/L MgCl2 2.0pL, 2.5 mmol/L dNTP 2.0pL, 2.5 U/L enzima Taq 0.5pL, 5pmol/L primer 4.0pL, ADN modelo 10ng, água ultra-pura estéril até 25pL. O nome do iniciador é S12 e a sequência é 5'-CCTTGACGCA-3' [8]. Programa de reação de PCR: 94° C 4min, 94° C 30s, 35° C 1min, 72° C 2min, 45 ciclos, 72° C, 10min. Os grupos de ADN foram separados por eletroforese em gel de agarose a 1%.

Neste teste, os grupos de ADN da geração F1, da geração F2, da geração S1, da geração BCF1 e dos progenitores foram separados por eletroforese em gel de agarose a 1%. Os resultados separados foram mostrados na Figura 11, como a Figura 11 mostra que os grupos de DNA separados de cada plântula foram representados por cada banda amplificada, 1 era marcador, 2 era macho, 3 era fêmea, 4 a 15 eram geração F_1 , 16 a 22 eram geração F_2 , 23 a 27 eram geração BCF_1 e 28 a 33 eram geração S_1 . Em comparação com as bandas de amplificação da geração F1, da geração F2, da geração S1, da geração BCF_1 e da fêmea, não se registaram diferenças entre elas.

Neste estudo, os grupos de ADN separados não têm uma diferença significativa, sendo a primeira razão possível o facto de os primers selecionados não serem adequados para esses grupos de ADN (foram selecionados 10 primers para a experiência e o S12 foi o melhor). Alguns estudos mostraram que foi desenvolvido um método de PCR multiplex através do qual fragmentos específicos com diferentes comprimentos numa mistura de amostras de ADN isoladas de seis milhos transgénicos podem ser amplificados simultaneamente numa reação de PCR, enquanto um fragmento do gene de referência endógeno do milho (zeína) também pode ser detectado[9], um fragmento do gene de referência endógeno do milho (zeína) também pôde ser detectado[9], a segunda razão possível é que a concentração do gel de agarose não era suficientemente espessa para tornar as bandas amplificadas claras, a terceira razão é que pode ser um fenómeno de apomixia, apomixes é um fenómeno em que as plântulas produzem sementes diretamente e não há processo de fusão do esperma e do óvulo [3], a partenocarpia é um tipo de apomixes em que o oócito não é fertilizado, mas o fruto pode desenvolver-se normalmente sob a estimulação do pólen [4]. No futuro, serão efectuados mais estudos.

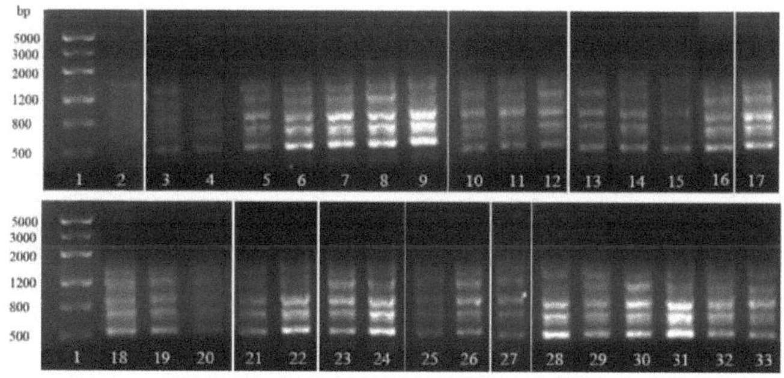

Figurall. Separação dos grupos de ADN

Marcador: 1, Masculino: 2, Feminino: 3, F_1 : 4 a 15, F_2 : 16 a 22, Geração BCFi: 23 a 27; si: 28 a 33

8. Técnica de cultivo

Os descendentes de *Platycodon grandiflorus* resistentes ao acamamento foram facilmente cultivados. Normalmente, as sementes são colhidas depois de amadurecerem, são semeadas em tabuleiros em estufas durante o inverno e, em seguida, as plântulas são plantadas em vasos que serão plantados em campo aberto na primavera seguinte.

Como plântula hortícola, podia ser cortada após a floração e era capaz de crescer e florescer novamente, mas a altura da plântula era menor do que antes e o número de flores também era menor do que antes. As imagens da floração e do novo crescimento são apresentadas na Figura 12.

Neste estudo, apenas uma plântula da geração F_1 morreu em 2011, o que pode ser devido a doenças de podridão radicular, e a prevenção e o controlo de doenças e pragas de insectos não foram realizados de 2009 a 2015. Além disso, o fertilizante não foi utilizado. Mas as doenças e as pragas de insectos podem ocorrer na plantação a longo prazo.

Grow again Flower again

Figura 12. Floresce e cresce novamente após o corte

9. Conclusão

(1) A hibridação inter-genérica entre *Platycodon grandiflorus* e *Campanula medium* pode ser efectuada e podem ser obtidas sementes e plântulas eficazes.

(2) A plântula objetiva resistente ao acamamento foi obtida a partir da geração F_1 .

(3) A geração BCF_1 não foi melhor do que a plântula objetiva da geração F_1 .

(4) A muda individual melhorada da geração S_1 foi melhor do que a geração F_1 .

(5) Muitas cores e formas de flores foram obtidas a partir da descendência, especialmente na geração F2.

(6) As caraterísticas morfológicas dos caules, folhas e flores de todos os descendentes eram semelhantes às da fêmea.

(7) As mesmas plântulas podem ser produzidas através da tecnologia de cultura de tecidos.

(8) Os grupos de ADN de cada geração e dos progenitores foram separados por eletroforese em gel de agarose a 1%. Os resultados mostraram que as bandas da descendência eram semelhantes às dos progenitores femininos, o que pode ser um fenómeno de apomixia.

10. Discussão

De acordo com as caraterísticas morfológicas e os resultados da separação de grupos de ADN, os descendentes reprodutores eram todos semelhantes aos progenitores femininos, o que poderia ser um fenómeno de apomixia em que o pólen do macho era apenas o indutor.

Referências

[1] Cheng, J.S. e Liu, Q.L.(2000). Genética e melhoramento de plantas de jardim. China
Forestry Press, Pequim.

[2] Yang, G.S. e Yuan, H.Y. (2009). Principle of Crop Breeding (Princípio da seleção de culturas). Science Press,
Pequim.

[3] Liu, Z.S., Luo, H.R, e et al. (2010). Modern Plant Breeding. Science press,
Pequim.

[4] Hu, H. W. (2010). Crop Genetics and Breeding. Imprensa da indústria química, Pequim.

[3] Wu, J.R., Yan, Y.Z., Wu, S.Q., Zhang, Z. e Li, M.S. (2005). As causas e o método de resolução da baixa taxa de fixação de sementes de *Platycodon Grandiflorus* por autopolinização. Jornal de Ciências Agrícolas da Universidade de Yanbian, 27, 5660. http://www.cnki.net/KCMS/detail/detail.aspx?QueryID

[6] Liu, W.D., Zhu, S.N. e Cui Q.X. (2005). Genética de culturas hortícolas e Reprodução. China Agricultural Science and Technology Press, Pequim.

[7] Chen, X.J., Qi, C.K., Pu, H.M., Zhang, J.F., Gao, J.Q. e Fu, S.Z.(2007). Avaliação da resistência ao acamamento em colza *(Brassica napus* L.) e relação entre a arquitetura das plântulas e a resistência ao acamamento. Revista chinesa de ciências das culturas oleaginosas, 29, 54-57 http : //www.cnki. net/KCMS/detail/detail .aspx? QueryID

[8] Wang, B.N., Zhang, X., Chen, J.M., e Song, J.Y.(2011). Otimização de Sistema de reação RAPD em *Cymbidium Faber* selvagem na montanha Qinling. Journal of Northwest A &D University (Nat. Sci. Ed.), 39, 87-84 http : //www.cnki. net/KCMS/detail/detail .aspx? QueryID

[9] Jin, W.J., Hao, Y., Cheng, H.M., Lu, X.B., Peng, Y.F. e Jia, S.R.(2005). Deteção específica de sequências de ADN estranho em seis milhos transgénicos utilizando o método de PCR multiplex. Jornal de Biotecnologia Agrícola, 13, 562567
http : //www.cnki. net/KCMS/detail/detail .aspx? ID da consulta

DOIS

Criação de *Oenothera speciosa* resistente ao frio com implantação de iões de Si

Resumo:

A Oenothera speciosa pertence a uma planta termofílica que não pode hibernar em Pequim. Neste estudo, o objetivo do melhoramento foi fazer com que a Oenothera speciosa passasse o inverno como uma flor perene aplicada em Pequim. Foram utilizados cinco métodos de melhoramento: domesticação, seleção em massa, cruzamento convencional, radiação^{60} Co-y e implantação de iões de sódio. No final, a *Oenothera speciosa* resistente ao frio foi obtida pelo método de implantação de iões de sódio. Este método pode aumentar a taxa de hibernação da *Oenothera speciosa*, tendo as sementes sido tratadas através da implantação de iões de Si, com cinco gamas de fluência diferentes (1 x 10^9 - 1 x 10 iões/cm^{112}) de 40 MeV e quatro gamas de fluência diferentes (1 x 10^{10} - 5 x 10 iões/cm^{112}) de 35 MeV, respetivamente. As gerações M_1 de cada *Oenothera speciosa* tratada puderam hibernar em Pequim e a taxa de hibernação mais elevada foi de 41,3%, tratada com 35 MeV e uma fluência de 5x10 iões/cm^{102} , e as gerações M_2 e M_3 também puderam hibernar em Pequim. Os resultados indicam que o tratamento pode aumentar a resistência ao frio de *Oenothera speciosa* de forma hereditária. Além disso, os índices fisiológicos da condutividade eléctrica relativa, o conteúdo de MDA e o conteúdo de prolina foram detectados em plântulas em vaso da *Oenothera speciosa* tratada e do controlo após stress de baixa temperatura. Os resultados revelaram que as condutividades eléctricas relativas e os teores de MDA da geração M1, da geração M2 e da geração M3 das plântulas *de Oenothera speciosa* tratadas foram inferiores aos do controlo, enquanto os teores percentuais de prolina foram superiores aos do controlo no stress de frio de -5° C. Em conjunto, a resistência ao frio das plântulas *de Oenothera speciosa* tratadas foi melhorada, o que tornou possível a sua utilização como flor perene em paisagismo em Pequim.

Palavras-chave: Criação de plantas resistentes ao frio; *Oenothera speciosa;* Implantação de iões de sódio

Introdução

A Oenothera speciosa é uma espécie de prímula, pertencente à família das *Onagraceae* e ao género *Oenothera.* É uma flor silvestre herbácea perene nativa de 28 dos 48 estados inferiores dos EUA (Figura 1). As plântulas podem viver numa série de habitats com solo solto e de drenagem rápida e em zonas de pleno sol, como pradarias rochosas, bosques abertos, encostas, bermas de estradas, prados e zonas perturbadas.

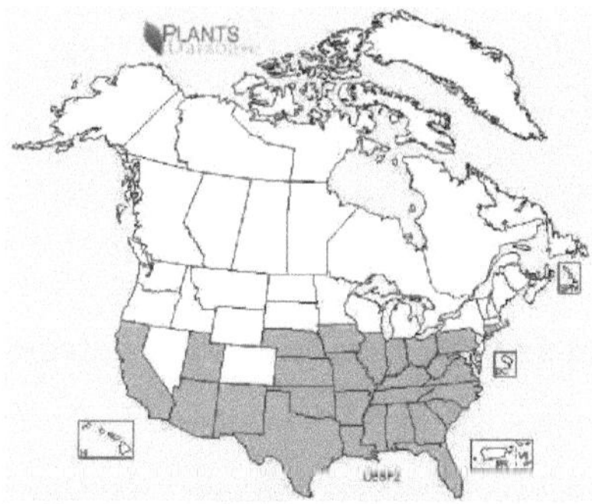

Figura 1. Distribuição geográfica de *Oenothera speciosa* nos EUA. (http://seedlings.usda.gov/core/profile?symbol=OESP2)

A Oenothera speciosa foi introduzida em Pequim pela Shangfang Garden Limited Company de Xangai em 2004. No entanto, não conseguiu hibernar em campo aberto em Pequim, o que nos incentivou a efetuar um estudo de melhoramento para melhorar a sua resistência ao frio. Neste estudo, muitos caracteres foram significativamente melhorados através do método de implantação de iões de sódio, tais como cobertura do solo, florescência, resistência ao frio e tolerância à seca, resistência ao corte, resistência a doenças e pragas de insectos. Através do melhoramento por mutação, *a Oenothera speciosa* tornou-se uma variedade resistente ao frio e amiga do ambiente, que pode ser aplicada como uma flor perene em Pequim [1].

A implantação de iões é um dos métodos de reprodução de mutações. Utiliza-se a ionização de átomos (ou moléculas) acelerados a uma determinada energia, que depois são injectados nas amostras de plantas. A implantação de iões tem um efeito de deposição de energia, um efeito de deposição de qualidade e um efeito de troca de carga [2]. Recentemente, a implantação de iões tem sido explorada como um novo método para produzir novas modificações genéticas e alterações fisiológicas. Neste estudo, de acordo com o objctivo de reprodução e as caraterísticas fisiológicas desta planta, foi selecionado o silício para implantar na amostra experimental, tendo-se obtido a *Oenothera speciosa* resistente ao frio que pode hibernar em Pequim (Figura 2).

Figura 2. *Oenothera speciosa* invernada em Pequim

1. Via técnica de seleção de *Oenothera speciosa* resistente ao frio

As experiências foram realizadas de 2004 a 2014 para a reprodução resistente ao frio de *Oenothera speciosa,* os métodos de reprodução foram a domesticação, a seleção em massa, o cruzamento convencional e a mutação física, sendo o percurso da técnica de reprodução apresentado na Figura 3.

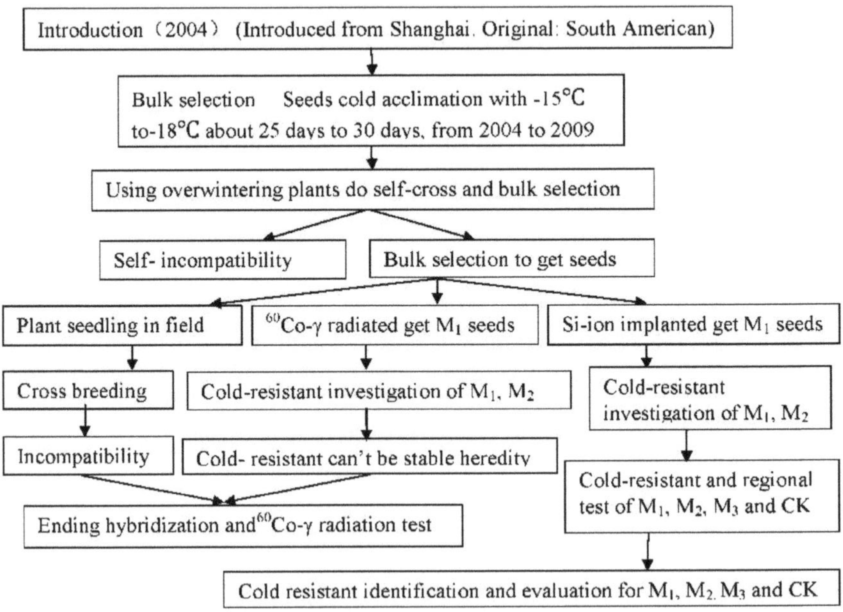

Figura 3. Percurso técnico do melhoramento genético de *Oenothera speciosa* resistente ao frio

2. Método e processo de reprodução

(1) Domesticação e seleção em massa de *Oenothera speciosa*

Em 2004, as *Oenothera speciosa* introduzidas foram plantadas em campo aberto e em vasos, sendo as plântulas em vaso transformadas em abrigo de plástico no inverno. Na primavera de 2005, todas as plântulas plantadas em campo aberto estavam mortas, mas a maior parte das plântulas em vaso conseguiu hibernar, tendo a taxa média de hibernação sido de 79%, e até 2006 a taxa média de hibernação atingiu 84%. Na primavera de 2005, as 64 plântulas invernantes foram plantadas em campo aberto e apenas 3 plântulas conseguiram hibernar na primavera de 2006, a taxa de hibernação foi de 4,7%, continuando a experiência até 2009, a taxa de hibernação foi de 6,5%. Em 2009, as plântulas que hibernaram foram utilizadas para a seleção em massa (*Oenothera speciosa* é auto-esterilidade). Os resultados dos testes são apresentados no Quadro 1. O percurso técnico da domesticação e seleção de híbridos é apresentado na Figura 4. As imagens da domesticação e da seleção em massa foram apresentadas na Figura 5.

Quadro 1. Taxa de invernada da seleção de reprodutores em massa

year	Seedling No.	Overwintering seedling No.	Overwintering rate (%)
2006	64	3	4.7
2007	86	4	4.7
2008	90	5	5.6
2009	92	6	6.5

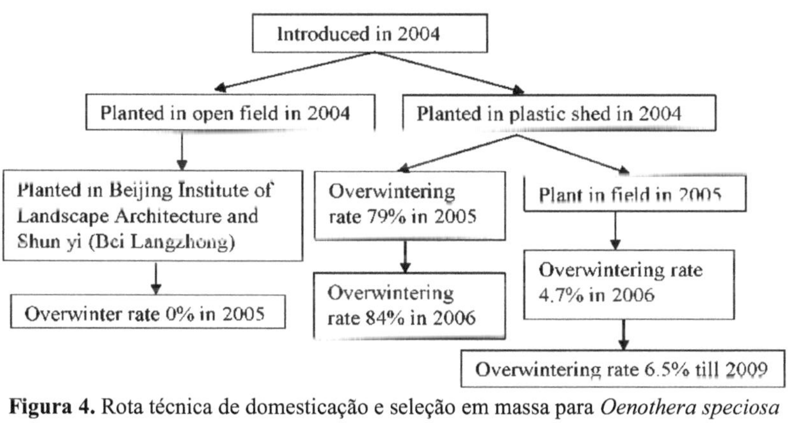

Figura 4. Rota técnica de domesticação e seleção em massa para *Oenothera speciosa*

Introduction and domestication

Overwintered seedlings of bulk selection

Figura 5. Domesticação e reprodução por seleção em massa

3. Autocruzamento

De 2006 a 2010, as plântulas selecionadas de *Oenothera speciosa* invernantes foram utilizadas para autocruzamento. A emasculação e a polinização foram concluídas em 24 horas. As etapas da operação foram a emasculação antes da floração, a recolha de pólen proveniente da mesma flor da plântula ou da mesma flor, o ensacamento até a flor murchar e a remoção do saco. Os resultados do autocruzamento são apresentados no quadro 2. Como mostra o quadro 2, o autocruzamento foi efectuado durante 6 anos e as sementes não foram colhidas. *A Oenothera speciosa* é auto-incompatível.

Tabela 2. Registo de autocruzamentos de *Oenothera speciosa* de 2006 a 2010

No.	Emasculation, pollination (y-m-d)	Pollination No.	Seed setting No.
1	2006-5-30	32	0
2	2007-6-18	35	0
3	2008-7-16	33	0
4	2009-6-16	33	0
5	2010-6-7	34	0
6	2010-6-10	36	0

4. Cruzamento de raças

De 2007 a 2010, foi efectuada a hibridação entre *Oenothera speciosa e* outras quatro variedades que podiam hibernar em Pequim, nomeadamente *Oenothera biennis, Oenothera lamarckiana, Oenotherat erythrosepala* e *Oenothera tetragona,* incluindo cruzamentos ortogonais e recíprocos. A emasculação, a polinização, o cruzamento ortogonal e recíproco foram efectuados em 24 horas. As etapas da operação foram a emasculação antes da floração, o ensacamento, a polinização artificial durante a floração, o ensacamento até as flores murcharem, a remoção do saco, a receção dos frutos após a maturação das sementes e a limpeza das sementes. O fruto amadurece durante cerca de um mês.

As combinações híbridas e os resultados foram listados na Tabela 3, na Tabela 3, o código foi definido para cada variedade, *Oenothera* speciosa é OS, *Oenothera biennis* é OB, *Oenothera lamarckiana* é OL, *Oenotherat erythrosepala* é OE, *Oenothera tetragona* é OT. Os resultados da hibridação mostraram que *a Oenothera speciosa* era incompatível com as outras quatro variedades, não tendo sido obtidas plântulas resistentes ao frio de 2007 a 2010. As imagens da hibridação são apresentadas na Figura 6.

Tabela 3. Registo de hibridações de 2007 a 2010

Cross combination	Emasculation, pollination (y-m)	Pollination No.	Seed setting No.	Seed No.
OS(♀)×OB (♂)	2007-7	30	0	0
OB (♀)×OS (♂)		30	0	0
OS (♀)×OL (♂)	2007-7	30	0	0
OL(♀)×OS (♂)		30	0	0
OS(♀)×OE (♂)	2007-7	30	0	0
OE (♀)×OS (♂)		30	0	0
OS (♀)×OE (♂)	2008-6，8	40	0	0
OE(♀)×OS (♂)		40	0	0
OS (♀)×OT (♂)	2008-6，8	40	0	0
OT (♀)×OS (♂)			0	0
OS (♀)×OE (♂)	2009-5	60	0	0
OE (♀)×OS (♂)		60	0	0
OS (♀)×OT (♂)	2009-5，6	50	0	0
OT (♀)×OS (♂)		50	0	0
OS (♀)×OT (♂)	2010-6	171	0	0
OT (♀)×OS (♂)		101	0	0

Figura 6. Hibridação entre as variedades

5. Criação de mutações de^{60} radiação Co-y e implantação de iões de sódio

As sementes de *Oenothera speciosa* foram utilizadas como materiais mutagénicos, que foram irradiadas com radiação^{60} Co-y e implantação de iões de Si como geração Mi [3][4][5]. Na radiação^{60} Co-y, foram aplicadas 10 doses diferentes de radiação absorvida e 1 controlo (CK: sem tratamento), totalizando 11 amostras, 50 sementes em cada grupo e 2 repetições, totalizando 100 sementes. Na implantação de iões de Si, a energia de 35MeV e 40MeV para a gama de fluência do feixe de 1x10 -5*10 iões/cm^{9n2} . Havia 50 sementes em cada grupo e 2 repetições, num total de 100 sementes, 10 amostras realizadas, incluindo 1 CK e 9 tratamentos. A informação detalhada sobre os tratamentos é apresentada na Tabela 4.

Tabela 4. Dose de radiação absorvida do raio^{60} Co-y e energia e fluência da implantação de iões de Si

Sample	^{60}Co-γ absorbed dose(Gy)	Sample	Si	
			Energy(MeV)	Fluence(P/cm^2)
1	20	1	40	1×10^{9}
2	40	2	40	5×10^{9}
3	60	3	40	1×10^{10}
4	80	4	40	5×10^{10}
5	120	5	40	1×10^{11}
6	150	6	35	1×10^{10}
7	180	7	35	5×10^{10}
8	200	8	35	1×10^{11}
9	250	9	35	5×10^{11}
10	300	CK	0	0
CK	0			

A experiência foi realizada de 2009 a 2014[6]. As sementes tratadas de cada geração (M_1 , M_2 e M_3) e CK foram semeadas em bandejas de plugues em estufas no inverno. As plântulas sobreviventes foram transferidas para vasos e cultivadas como plântulas de contentor, que seriam plantadas em campo aberto na primavera seguinte, e mantidas rotineiramente. As plântulas invernantes com 3-5 centímetros de altura foram calculadas em meados do final de abril, na primavera. As taxas de hibernação foram obtidas dividindo o número de plântulas plantadas pelo número de plântulas hibernadas e, em seguida, multiplicadas por 100.

(1) Investigação da taxa de invernada de^{60} Co-y radiated *Oenothera speciosa*

Neste teste, a taxa de invernada de cada geração foi investigada de 2011 a 2013 e os resultados foram listados no Quadro 5, como mostra o Quadro 5, os diferentes tratamentos da geração M1 e da geração M2 têm uma certa taxa de invernada no primeiro ano, mas no segundo ano a taxa de invernada foi de 0% para todos os tratamentos. Assim, as caraterísticas de resistência ao frio da *Oenothera speciosa* com^{60} radiação Co-y não puderam ser herdadas de forma constante.

Tabela 5. Taxa de invernada de^{60} Co-y radiated *Oenothera speciosa* (%)

Sample	Absorbed dose(GY)	Overwinter rate (M_1)		Overwinter rate (M_2)	
		2011	2012	2012	2013
1	20	2.5	0.0	11.6	0.0
2	40	4.8	0.0	11.1	0.0
3	60	5.2	0.0	0.0	0.0
4	80	4.0	0.0	0.0	0.0
5	120	2.9	0.0	12.5	0.0
6	150	2.0	0.0	3.9	0.0
7	180	2.4	0.0	10.0	0.0
8	200	18.8	0.0	7.7	0.0
9	250	0.0	0.0	0.0	0.0
10	300	0.0	0.0	0.0	0.0
CK	0	1.2	0.0	0.0	0.0

1 Investigação da taxa de hibernação de *Oenothera speciosa* implantada com iões de Si

A investigação da taxa de hibernação foi realizada entre meados do final de abril e o início de maio de 2011 a 2014[6]. Os resultados da pesquisa foram listados na Tabela 6, na Tabela 6 a energia correspondente e a fluência do número de amostra são mostradas na Tabela 4. Como se pode ver no Quadro 6, foi possível obter plântulas de hibernação da geração M1 em cada amostra de *Oenothera speciosa* implantada com iões de Si, e os seus descendentes (geração M_2 e geração M3) também hibernaram. Mas não houve relevância entre as taxas de hibernação e as energias e fluências correspondentes que foram utilizadas nos tratamentos. A taxa de invernada mais elevada foi de 41,30%, com uma energia correspondente de 35MeV e uma fluência de $5*10^{10}$ iões/cm^2 . Para todas as gerações de *Oenothera speciosa* tratadas, as taxas de invernada no primeiro ano para a geração M_1 é de 20,1%, a geração M_2 é de 52,0% e a geração M_3 é de 100%, enquanto a taxa média de invernada para o controlo é de apenas 2,5%. Além disso, as taxas de hibernação da geração M1 não foram relevantes em quatro anos, e o mesmo aconteceu com a geração M_2 em três anos. O resultado foi que o tratamento com implantes de iões de sódio pode aumentar a resistência ao frio de *Oenothera speciosa* de forma hereditária, mas o aumento foi desproporcionado. As taxas de invernação de cada geração em anos diferentes podem estar correlacionadas com as diferentes temperaturas [7]. As imagens do hibernação, floração e tipo de inverno foram mostradas na Figura 7.

Tabela 6. Taxa média de invernada de cada geração de Oenother speciosa implantada com iões de Si *Oenother speciosa* implantada para cada ano (%)

Sample	M_1				M_2			M_3
	2011	2012	2013	2014	2012	2013	2014	2014
CK	2.5	0.0	0.0	0.0	0.0	0.0	0.0	0.0
1	12.9	61.1	8.6	73.1	43.1	45.9	79.2	100.0
2	4.9	70.0	26.1	64.7	33.2	91.7	100.0	100.0
3	11.4	65.0	12.5	73.1	53.9	42.9	100.0	100.0
4	11.9	55.6	11.6	71.9	57.7	32.0	100.0	100.0
5	15.3	100.0	26.2	100.0	50.0	40.4	100.0	100.0
6	25.0	100.0	44.5	82.2	61.5	25.0	100.0	100.0
7	41.3	100.0	42.9	77.3	61.6	25.0	100.0	100.0
8	19.6	100.0	28.2	100.0	50.0	84.1	100.0	100.0
9	39.2	100.0	27.2	100.0	56.9	85.7	100.0	100.0
Average	20.1	93.5	25.3	82.5	52.0	52.5	97.7	100.0

Figura 7. Invernada, floração e tipo de inverno de *Oenother speciosa* implantada com iões de Si

6. Ensaio regional da produção M2 e da produção M3

Os ensaios regionais foram efectuados de 2012 a 2014, tendo sido utilizadas as plântulas da geração M_2 e da geração M3, e as sementes foram colhidas de plântulas invernadas da geração M1 e da geração M2 em 2011 e 2012, respetivamente. Os campos de ensaio foram distribuídos em Pequim e nos seus distritos suburbanos. As investigações das plântulas hibernadas foram realizadas entre meados do final de abril e o início de maio. As taxas de hibernação foram calculadas dividindo o número de plântulas plantadas pelo número de plântulas hibernadas em cada metro quadrado, e depois multiplicadas por 100. O quadro 7 apresenta os locais, as dimensões e o ambiente específico de cada campo de ensaio, bem como os tempos de investigação e as taxas de invernada correspondentes.

Quadro 7. Testes regionais das gerações M2 e M3 de *Oenothera speciosa* resistentes ao frio

Testing place	Generation	Area (m^2)	Environment	Overwintering rate (%)	
				2013	2014
Beihai Park	M_2	500	East slope under the willow	88.0	100.0
Yu yuantan Park		120	South side of the short wall preventing stepping in winter,	93.8	100.0
Bei xiaohe Park		1500	Slop, forest land, semi-shading	76.6	100.0
Ditan Park		90	Semi-shading under forest	79.7	100.0
Changping Seedling base		1500	Full sun	84.4	100.0
Jingshan Park	M_3	130	Under small trees, semi-shading		100.0
The Heaven Temple		50	Beside over-green tree, semi-shading		100.0
Beijing Zoo		890	Shady slope under large tree, shading and semi-shading		100.0
Beijing Botanical Garden		50	Under small tree, semi-shading		100.0
The Summer Palace		50	Lakeside, full sun		100.0
Liuyin Park		50	Lakeside, semi-shading		100.0

Um total de 11 ensaios regionais com 4930 metros quadrados em que 5 locais com 3710 metros quadrados foram plantados com a geração M2 de *Oenothera speciosa* de abril a maio de 2012, enquanto 6 locais com 1220 metros quadrados foram plantados com a geração M_3 de abril a junho de 2013. As taxas de hibernação da *Oenothera speciosa* resistente ao frio em testes regionais foram realizadas como mostra a Tabela 7. A média das taxas de invernada da geração M2 em 5 locais de teste foi de 84,4% em 2013, enquanto a taxa de invernada dos 11 locais de teste atingiu 100% em 2014, que pode ser a diferença de temperatura entre dois anos. Era necessário verificar os dados meteorológicos. Os ensaios regionais revelaram que as gerações M2 e M3 de *Oenothera speciosa* tratadas com implantação de iões de sódio tiveram um efeito paisagístico satisfatório, o que sugere que o método de implantação de iões de sódio pode melhorar a resistência ao frio de *Oenothera speciosa* de forma hereditária e torná-la capaz de hibernar na cidade de Pequim e nas suas áreas suburbanas. As imagens do ensaio regional da floração durante o inverno são apresentadas na Figura 8.

Figura 8. Imagens de ensaios regionais de invernada e floração

7. A relação entre a temperatura do ar e a taxa de invernada

Os dados relativos à temperatura do ar foram recolhidos a partir de estações meteorológicas automáticas no Instituto de Paisagem e Arquitetura de Pequim. Os dados da temperatura do ar foram registados a cada hora em janeiro, fevereiro, março, abril, novembro e dezembro de 2012 a 2014. Com base nos dados de temperatura do ar, foram calculadas a temperatura média mensal do ar e a temperatura negativa mensal acumulada em cada mês, e as taxas de hibernação foram analisadas comparativamente. As amostras de mudas foram a geração M1, a geração M_2 e a geração M3, e a taxa de hibernação foi o valor médio da taxa de hibernação das três gerações.

De um modo geral, as partes acima do solo da *Oenothera speciosa* resistente ao frio ficaram murchas entre novembro e início de dezembro, e tornaram-se verdes (as plântulas cresceram até 3-5 centímetros de altura, as folhas expandiram-se) em meados do final de abril dos anos seguintes. Neste estudo, as temperaturas médias mensais do ar e as temperaturas acumuladas mensais foram utilizadas para analisar a relação entre a temperatura do ar e a taxa de hibernação em novembro, dezembro nos anos actuais, e janeiro, fevereiro, março, abril nos anos seguintes, de 2011 a 2014, continuamente. Os resultados dos testes estão listados na Tabela 8. Na Tabela 8, o carácter abreviado foi definido como temperatura média do ar (AAT) e temperatura acumulada negativa (NAT).

Tabela 8. Temperaturas médias mensais do ar e temperaturas negativas mensais acumuladas nos Invernos dos anos de teste (^{O} C, °C-28d-31d)

Month	2011-2012		2012-2013		2013-2014	
	AAT	NAT	AAT	NAT	AAT	NAT
11	6.4	-0.1	4.1	-3.0	6.4	-1.9
12	-1.3	-63.7	-4.1	-127.5	0.7	-31.3
1	-3.5	-137.2	-3.9	-120.9	0.4	-20.3
2	-1.4	-28.3	-0.6	-41.0	0.2	-33.4
3	5.8	-	6.5	-	10.3	-
4	15.7	-	12.8	-	17.4	-
Average	3.6	-57.3	2.5	-73.1	5.9	-21.7
Overwintering rate (%)	75.2		38.9		93.4	

Como mostra a Tabela 8, entre 2011 e 2012, a média mensal das temperaturas do ar nos seis meses foi de 3,6^{O} C, a média mensal das temperaturas positivas nos quatro meses foi de -57,3 °C-28d-31d, e a taxa de invernada foi de 75,2%. Em 2013, a média mensal das temperaturas do ar foi de 2,3^{O} C, e a média mensal das temperaturas positivas foi de -73,1 **°C-28d-31d**. A temperatura média do ar foi de 12,8^{O} C (<15°C) em abril. A taxa de invernada foi de 38,9%, a menor taxa de invernada em anos de testes. Em contraste, 2014 foi o mais quente nos quatro anos de teste em que a temperatura média mensal do ar foi de 5,9^{O} C, a temperatura positiva média mensal foi de -21,**7** ° C-28-31d, e a temperatura média do ar foi de 17,4^{O} C em abril, a taxa de hibernação foi de 93,4%, que foi a maior taxa de hibernação .

As taxas de hibernação da *Oenothera speciosa* resistente ao frio podem ser afectadas pelas temperaturas do ar. Especificamente, as *Oenothera speciosa* resistentes ao frio foram capazes de hibernar sem problemas na temperatura mensal positiva acumulada de -137° C e tornaram-se verdes quando a temperatura média mensal do ar atingiu os 15 °C, de acordo com o hábito de crescimento das plantas termófilas que podem crescer normalmente em condições de temperatura do ar de 15 °C [7].

8. Determinação de índices fisiológicos de gerações resistentes ao frio e CK

(1) Conteúdo e método de determinação

Neste estudo, a condutividade eléctrica relativa, o teor de malondialdeído (MDA) e o teor percentual de prolina das amostras de folhas da geração M1, geração M2, geração M3 e CK foram determinados em 2014. A condutividade eléctrica relativa foi determinada por um instrumento de condutividade [8] [9]. O teor de malondialdeído (MDA) foi determinado com o método colorimétrico do ácido tiobarbitúrico (TBS) [10] e os teores percentuais de prolina foram determinados com o método de colorimetria da ninidrina [10].

(2) Conceção de experiências e preparação de amostras de ensaio

A geração M1, a geração M2 e a geração M3 de *Oenothera speciosa* que hibernaram e as plântulas *de Oenothera speciosa* não tratadas foram amostradas para análise posterior. As plântulas invernadas e a CK foram cortadas, transferidas para vasos e cultivadas em estufa. Quando os caules atingiram 10 centímetros de altura, as plântulas dos recipientes foram transferidas para o campo aberto. Quando os diâmetros das copas atingiram 25-30 centímetros de largura, as plântulas de contentor foram submetidas a stress de baixa temperatura em câmaras de controlo de temperatura (RXZ-380C) e congelador de temperatura ultra baixa (Meiling, -86° C). O programa de tratamento foi o seguinte: tratamento de sete dias para cada gradiente de temperatura continuamente (0° C, 10° C, 5° C, 0° C e -5° C), seguido de 90 horas para cada um dos gradientes de temperatura ultrabaixa (-10° C, -15° C e -20° C) [11][12]. As folhas da geração M_i, da geração M_2 , da geração M_3 e as amostras CK foram colhidas separadamente em cada gradiente de temperatura para deteção da condutividade eléctrica relativa, dos teores de MDA e da percentagem de prolina. Cada grupo tem 12 vasos, 3 repetições. As análises de comparação entre amostras foram testadas pelo método OneWay ANOVA. As amostras preparadas são apresentadas na Figura 9.

Potted seedling preparation Growth chamber Ultralow temperature

Figura 9. Preparação das plântulas e stress a baixas temperaturas

(3) Efeito da baixa temperatura na condutividade eléctrica relativa, no teor percentual de malondialdeído (MDA) e prolina

A condutividade eléctrica relativa, os teores percentuais de malondialdeído (MDA) e prolina das folhas da amostra foram determinados nas temperaturas concebidas, que foram a geração M1, a geração M2, a geração M3 e a CK.

Como mostra a Figura 10, quando a temperatura desceu de 20° C para 5° C, as condutividades eléctricas relativas aumentaram lentamente. No entanto, quando a temperatura desceu para 0 C, as condutividades eléctricas relativas aumentaram abruptamente, mas não houve diferenças significativas entre cada amostra. Foram detectadas algumas diferenças entre cada geração e o controlo quando a temperatura desceu de 0 C para 5° C. As comparações das condutividades eléctricas relativas entre as amostras a -5° C foram descritas como CK > M_2 > M_1 > M .3

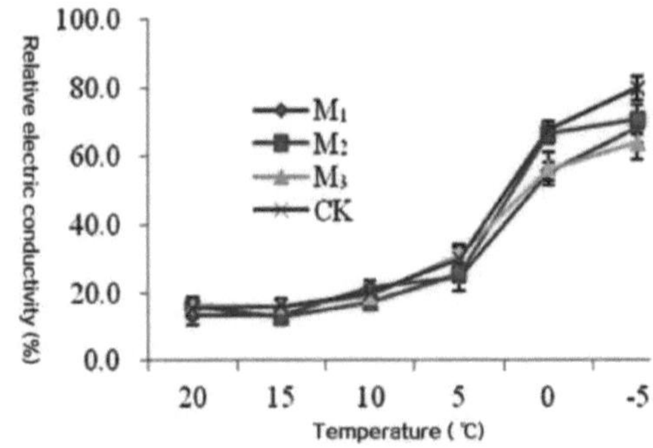

Figura 10. Condutividades eléctricas relativas de cada geração e CK

Como mostra a Figura 11, com a descida da temperatura, os teores de MDA mostraram uma alteração do padrão da curva, sem alterações distintas dos teores de MDA, o que foi observado de 20° C para 5° C, as tendências crescentes dos teores de MDA começaram com a descida da temperatura de 5° C para 0° C, subiram abruptamente de 0° C para -5° C, diminuíram significativamente de -5C para -10C e aumentaram ligeiramente de -10C para -20C. Neste percurso de mudança, só foram detectadas algumas diferenças nos teores de MDA entre cada geração e o controlo durante a mudança de temperatura de 0 C para -5 C. A comparação dos teores de MDA entre as amostras a -5° C foi descrita como CK > M_1 > M_2 > M3.

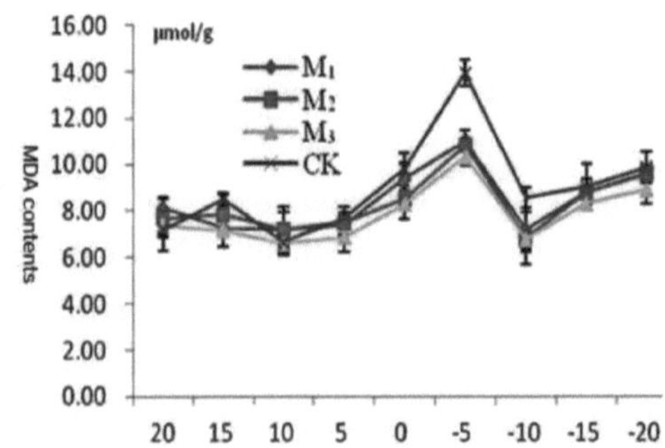

Figura 2. Teores de MDA de cada geração e CK

Como mostra a Figura 12, quando a temperatura desceu, os teores percentuais de prolina apresentaram um padrão de variação em forma de W. Os teores de prolina diminuíram um pouco de 20° C para 15° C, mudaram suavemente de 15 °C para 5° C, aumentaram nitidamente de 5° C para -5° C, diminuíram drasticamente de -5° C para -15° C e aumentaram ligeiramente de -15° C para -20° C. Durante o processo de alteração da prolina, só foram detectadas diferenças menores entre cada geração e o controlo na fase de 15° C a 5° C. A comparação dos teores de prolina entre as amostras a -5° C foi descrita como M3 > M2 > M1 > CK.

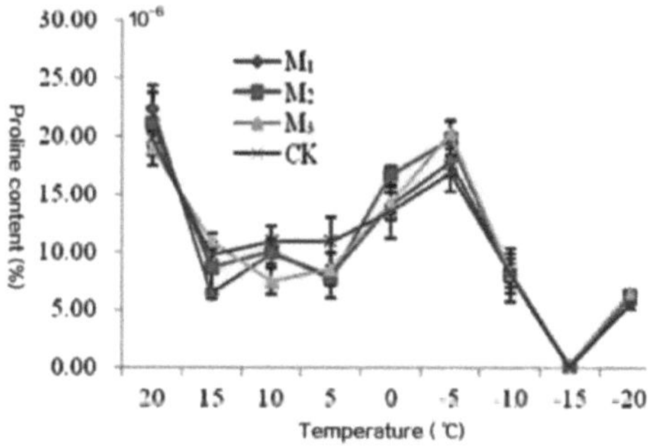

Figura 12. Teores percentuais de prolina de cada geração e CK

Durante a descida da temperatura, o valor máximo de observações distintas para as condutividades eléctricas relativas, os teores de MDA e os teores percentuais de prolina ocorreram a -5C, o que constituiu uma análise média adicional das diferenças significativas entre cada geração e o controlo, comparativamente. Os resultados da comparação estão listados na Tabela 9. As análises de comparação entre amostras foram testadas pelo método One-Way ANOVA.

Tabela 9. Análise comparativa das condutividades eléctricas relativas, teores de MDA e teores percentuais de prolina de cada geração e CK em -5°C

Sample	Relative electrical conductivity (%)	MDA (μmol/g)	Proline (10^{-6}%)
M_1	68.33±4.54b	11.03±0.15b	17.90±1.11ab
M_2	72.70±2.42ab	10.81±0.65b	19.80±1.40ab
M_3	66.07±2.97b	10.33±0.25b	20.33±1.06a
CK	80.07±3.45a	13.95±0.40a	16.88±1.63b
p	0.005	0.000	0.028

Nota: Os valores são a média ±SE, letras diferentes na mesma coluna indicam valores médios estatisticamente diferentes a $p < 0,05$, conforme determinado pelo teste LSD.

Como mostra a Tabela 9, para as condutividades eléctricas relativas, houve algumas diferenças entre as gerações da geração M1, geração M2, geração M3 e o CK, mas nenhuma diferença significativa. No que se refere aos teores de MDA, cada geração e o

CK apresentaram algumas diferenças, tal como no caso das condutividades eléctricas relativas, não houve diferenças significativas. Para os teores percentuais de prolina, foram obtidos os mesmos resultados. Além disso, para os três índices fisiológicos, as diferenças entre gerações não foram significativas.

Estudos anteriores revelaram que o stress a baixas temperaturas pode danificar o sistema de membranas celulares e aumentar a permeabilidade das membranas, o que resulta na fuga de electrólitos intracelulares e no aumento da condutividade eléctrica relativa [10]. Neste estudo, os resultados mostraram que as condutividades eléctricas relativas da geração M1 e da geração M3 eram inferiores à CK em -5° C, o que constituía a melhoria da resistência ao frio de cada geração. Além disso, a acumulação de peróxido lipídico de membrana, como o MDA, revelou os graus de danos causados por stresses abióticos. Quanto maior for a acumulação de MDA, piores são os danos no sistema de membrana [13][14]. Por conseguinte, os teores de MDA da *Oenothera speciosa* tratada com iões de Si foram inferiores aos do controlo, o que pode ser o aumento da tolerância ao frio. Além disso, a prolina foi uma substância osmorreguladora importante para proteger as plântulas da ruína por stresses abióticos. No entanto, neste estudo, apenas os teores percentuais de prolina na geração M3 tiveram alguma diferença em relação à CK, o que pode ser uma caraterística das plântulas selvagens, uma vez que a *Oenothera speciosa* é uma espécie selvagem. Foi consistente com o estudo de que alguns mutantes e espécies não domesticadas são resistentes a baixas temperaturas, embora contenham um nível relativamente baixo de prolina [14]. Investigações anteriores revelam que a baixa temperatura pode acelerar a acumulação de conteúdos de prolina em várias ou centenas de vezes entre várias espécies de plântulas ou cultivares sob stress de baixa temperatura, e a resistência é reforçada com o aumento dos conteúdos de prolina [15]. Tratamento a baixa temperatura para quatro espécies de Sedum com a diminuição da temperatura, a condutividade eléctrica relativa, o teor de MDA e o teor de prolina aumentaram, houve uma diferença significativa abaixo de -9C a 15C, e nenhuma diferença significativa acima de -6° C para a condutividade eléctrica relativa; mas houve uma diferença significativa entre -6C e -12C para MDA; não houve diferença significativa para o teor de prolina [16]. Usando estresse de baixa temperatura para oito lâminas adultas de caju e cinco mudas de cajueiro, os resultados mostraram que os índices fisiológicos e bioquímicos de resistência ao frio tinham uma relação complexa. A condutividade elétrica relativa, o conteúdo de MDA e prolina podem ser usados como índice de avaliação da resistência ao frio [17]. Neste estudo, os resultados da determinação também foram complexos. No futuro, serão efectuados mais estudos.

(4) Investigação da taxa de reanimação

As plântulas em vaso tratadas a baixa temperatura foram transferidas para uma caixa climática artificial para aquecer gradualmente em dez dias, e depois transferidas para a estufa durante cerca de três semanas, após o que se investigou a taxa de revitalização. De acordo com os testes laboratoriais, foi possível identificar e avaliar indiretamente a resistência ao frio de *Oenothera speciosa* de cada geração e CK. Os resultados da investigação foram apresentados no Quadro 10. O quadro 10 mostra que, durante 90 horas de tratamento a -20° C e a temperaturas inferiores, a *Oenothera speciosa* resistente ao frio de cada geração e a CK não conseguiram sobreviver, a -15° C a taxa de sobrevivência de cada geração foi de 25% e a -5C a taxa de sobrevivência de cada geração foi de 75% e a CK de 50%. Entre elas, a taxa média de sobrevivência da geração M3 foi a mais elevada. Este resultado foi obtido em testes laboratoriais, pelo que só pode ser utilizado como referência na aplicação.

Tabela 10. Taxa de reanimação de cada geração e CK na temperatura definida

Temperature(°C)	CK(%)	M_1(%)	M_2(%)	M_3(%)
-5	50	75	75	75
-10	0	25	25	50
-15	0	25	25	25
-20	0	0	0	0
-30	0	0	0	0

9. Teste de vigor de sementes de *Oenothera speciosa* resistentes ao frio e CK

Os testes de vigor de sementes incluíram o potencial de germinação e a taxa de germinação de *Oenothera speciosa* resistente ao frio e CK em laboratório e estufa. No teste de laboratório, as sementes foram detectadas com 100 sementes por amostra, em 5 réplicas. O potencial germinativo e a taxa de germinação foram determinados na câmara de germinação, cuja temperatura foi fixada em 18° C durante 16 horas e em 25° C durante 8 horas. No teste de estufa, as sementes foram detectadas com 200 sementes por amostra, em 6 réplicas, semeadas em tabuleiros de encaixe.

Neste teste, o potencial de germinação foi a percentagem de germinação de sementes que o número normal de sementes de germinação representou para o número total de sementes dentro de 8 dias, e a percentagem de germinação foi a percentagem de germinação de sementes que o número normal de sementes de germinação representou para o número total de sementes dentro de 14 dias em determinação laboratorial. No teste de estufa, o potencial de germinação e a percentagem de germinação foram medidos no prazo de 7 dias e 16 dias, respetivamente. As análises de comparação entre amostras foram testadas pelo método One-Way ANOVA.

(1) Teste laboratorial

Em agosto de 2014, as sementes da geração M_2 , da geração M3 e da geração M_4 e CK foram testadas quanto ao potencial de germinação e à percentagem de germinação em laboratório, sendo que as sementes foram colhidas em julho de 2014, e os resultados dos testes foram apresentados na Tabela 11. Como mostra a Tabela 11, o potencial de germinação e a porcentagem de germinação da geração M3 foram os mais altos, e houve diferenças significativas na geração M2, na geração M4 e na CK.

Tabela 1. Análise comparativa do vigor das sementes para cada geração e CK

Nota: Os valores são a média ±SE, letras diferentes na mesma coluna indicam valores médios estatisticamente diferentes a $p < 0,05$, conforme determinado pelo teste LSD.

Sample	Germination potential (%)	Germination percentage (%)
M_2	3.80±0.84b	48.80±2.28b
M_3	11.40±0.89a	61.60±2.61a
M_4	2.40±0.55c	41.00±1.41c
CK	2.40±0.55c	31.40±0.89d

(2) Teste em estufa

As sementes da geração M3 foram testadas quanto ao potencial de germinação e à percentagem de germinação em estufa, as amostras de sementes foram colhidas em 2012, os testes foram efectuados em 2012 e 2013, respetivamente, os resultados dos testes são apresentados no Quadro 12. Como o quadro 12 mostra que o potencial de germinação e a percentagem de germinação das sementes novas e das sementes armazenadas durante um ano têm diferenças significativas, o potencial de germinação e a percentagem de germinação das sementes armazenadas durante um ano podem reduzir cerca de 50%, pelo que as sementes novas são adequadas para aplicação. As imagens do teste de vigor das sementes na caixa de germinação e nos tabuleiros de plugues são mostradas na Figura 13.

Tabela 12. Análise comparativa do vigor das sementes para a geração M_3

Test year	Germination potential (%)	Germination percentage (%)
2012	73.25±7.51a	87.25±6.86a
2013	30.25±2.23b	48.00±3.92b

Nota: Os valores são a média ±SE, letras diferentes na mesma coluna indicam valores médios estatisticamente diferentes a $p < 0,05$, conforme determinado pelo teste LSD.

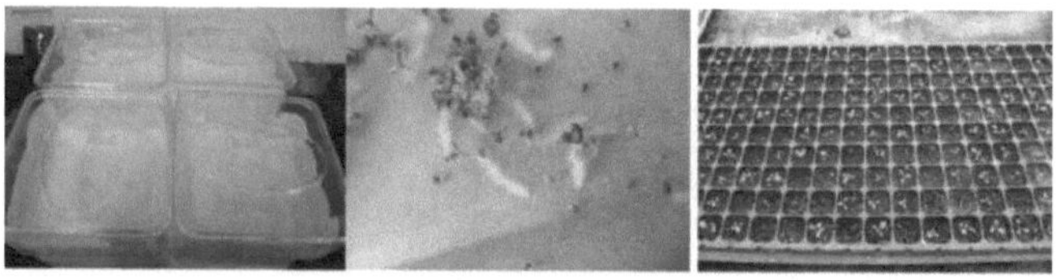

Germination box Plug trays

Figura 13. Fotografia do ensaio de vigor das sementes em câmara e estufa

10. Caraterísticas da *Oenothera speciosa* resistente ao frio no campo

A *Oenothera speciosa*, resistente ao frio, apresentava um crescimento prostrado como plântula de cobertura do solo. As plântulas de hibernação eram 6-7 plântulas por metro quadrado e a altura das plântulas era de cerca de 15 centímetros quando a taxa de cobertura do solo era capaz de atingir 100%. As plântulas de hibernação eram 4-5 plântulas por metro quadrado e a altura das plântulas era de cerca de 20 centímetros, quando a taxa de cobertura do solo era capaz de atingir 80%-90% até à fase inicial de floração, que seria de 100%. Para o paisagismo urbano, o número ideal de mudas por metro quadrado foi de 8-9 mudas. O diâmetro da copa das plântulas de *Oenothera speciosa* resistente ao frio foi medido no ensaio, podendo atingir 30-80 centímetros.

O número de flores da *Oenothera speciosa* resistente ao frio era de cerca de 200 flores por metro quadrado na primavera, a floração completa era de cerca de 30 dias, a floração com o lançamento de sementes, as sementes podem ser colhidas cerca de um mês após a floração, depois os ramos podem ser cortados e a altura do restolho era de cerca de 5-10 centímetros. Em cerca de duas semanas, os novos caules e folhas podem cobrir completamente o solo e, passadas três semanas, as flores começam a desabrochar umas a seguir às outras até meados de outubro, mas o número de flores era significativamente inferior ao número de flores na primavera. As fotografias da *Oenothera speciosa* resistente ao frio no campo são apresentadas na Figura 14.

Figura 14. Caraterísticas da *Oenothera speciosa* resistente ao frio no campo

11. Técnica de cultivo de *Oenothera speciosa* resistente ao frio

(1) Cultivo de plântulas em contentor

O semeador é usado para semear as sementes selecionadas em tabuleiros de 200 buracos, quando as raízes das plântulas estão cheias, precisam de ser plantadas num vaso de 8cm*8cm ou num vaso de 13cm*13cm, e as plântulas do vaso crescem 10-15 centímetros de altura, o talo deve ser cortado para 5 centímetros, até que as plântulas cresçam mais ramos, então devem ser plantadas em campo aberto.

(2) Plantação em campo aberto

De acordo com a necessidade de paisagismo urbano, são plantadas 8-9 mudas em vaso por metro quadrado. A elevada densidade de plantação no campo conduz a uma maior altura média das plântulas, e o número de invernantes será demasiado elevado no próximo ano, o aumento da densidade afectará o efeito ornamental da paisagem.

(3) Irrigação e fertilização

As caraterísticas da *Oenothera speciosa* resistente ao frio são a resistência à seca, a resistência à cana e o facto de evitar o encharcamento.

1) Irrigação

Antes do congelamento do solo, deve ser irrigado uma vez, a quantidade de irrigação não é muito grande e para evitar a podridão das raízes. Quando a plântula está a reviver na primavera, deve ser irrigada mais uma vez, a quantidade de irrigação também não é muito grande. Durante todo o período de crescimento, quando a precipitação é demasiado baixa, deve ser irrigada, controlando também a quantidade de água, e para evitar o crescimento excessivo, caso contrário o número de flores será inferior ao normal.

2) Fertilização

Durante todo o período de crescimento, o fertilizante não é usado ou é usado um pouco, quando uma pequena quantidade de fertilizante pode ser usada após a poda. A dosagem de fertilizante é de 10-15 gramas por metro quadrado, sendo o teor de elementos do fertilizante de 35% ou 45%.

(4) Corte

Após a plena floração, uma grande quantidade de sementes começa a inchar e o nutriente é consumido, enquanto os caracteres ornamentais da *Oenothera speciosa* resistente ao frio são pobres, pelo que o caule e a folha devem ser cortados a 5-10 centímetros ou de acordo com as necessidades de produção e aplicação para decidir como fazer.

(5) Controlo de doenças e pragas de insectos

A doença grave e as pragas de insectos não ocorreram desde a introdução até agora durante dez anos. Uma pequena quantidade de pétalas foi mordida pelo bicho-do-algodoeiro, que foi encontrado na pesquisa, mas não afecta o efeito ornamental. Na estação das chuvas, há uma pequena quantidade de danos causados por caracóis, o que também não afecta o efeito ornamental. Até à data, ainda não se procedeu a prevenção e controlo químico.

(6) Medidas de inverno

A *Oenothera speciosa*, resistente ao frio, não era resistente ao pisoteio, pelo que era coberta com folhas caídas no inverno para evitar que algumas pessoas a pisassem.

(7) Tipo de crescimento anual da *Oenothera speciosa* resistente ao frio

A *Oenothera speciosa*, resistente ao frio, está ao sol, é resistente à seca e evita a água, pelo que pode hibernar em Pequim. O tipo de crescimento anual foi listado para 2012 no Quadro 13. As imagens do tipo de crescimento anual da *Oenothera speciosa* resistente ao frio são apresentadas na Figura 15.

Tabela 13. Tipo de crescimento anual da *Oenothera speciosa* resistente ao frio (2012)

(m-d)	growth stage	Height(cm)	crown diameter(cm)	Cover rate (%)	Flower No. (No./m^2)
4-13	Overwintering	2-5	3-6	5-10	0
4-23		5-10	6-10	10-20	0
5-8		10-15	10-15	60-80	0
5-14	Blooming	20-30	15-20	80-90	5-10
5-21		20-30	30-40	100	50-100
5-29		25-30	30-40	100	150-200
6-14		25-30	30-40	100	50-70
7-3	Cutting	5-10			0
7-16	Grow again	8-10	15-20	80	0
7-21	Blooming again	10-15	20-25	100	10-15
7-30		15-20	25-30	100	30-40
8-7		20-25	30-40	100	50-60
9-10		25-30	30-40	100	40-50
9-27		35-40	30-40	100	30-40
10-10		35-40	30-40	100	10-15
10-22		35-40	30-40	100	5-10
11-6	No flowering	35-40	30-40	100	0
11-29	Wilt	35-40	30-40	100	0
12-15		35-40	30-40	100	0

Figura 15. Tipo de crescimento anual da *Oenothera speciosa* resistente ao frio

12. Conclusão

(1) A domesticação e a seleção em massa podem aumentar a taxa de hibernação da *Oenothera speciosa* de 4,7% para 6,5% em cinco anos.

(2) As hibridações de *Oenothera speciosa* e *Oenothera biennis, Oenothera lamarckiana, Oenotherat erythrosepala* e *Oenothera tetragona* com cruzamentos ortogonais e recíprocos são todas incompatíveis.

(3) As caraterísticas da *Oenothera speciosa* resistente ao frio não puderam ser herdadas de forma constante por mutagénese por radiação 60Co-Y.

(4) As caraterísticas da *Oenothera speciosa* resistente ao frio podem ser herdadas de forma constante através de mutagénese por implantação de iões de sódio.

(5) A capacidade de resistência ao frio de cada geração com implantação de iões de Si e CK foi descrita como M_3 > M2 > M1 >CK, que foram testadas no campo e no laboratório.

A Oenothera speciosa resistente ao frio pode hibernar em campo aberto em Pequim. A *Oenothera speciosa* melhorada representou uma plântula ornamental perene de cobertura do solo com muitos caracteres positivos, tais como maior cobertura do solo, florescência longa, resistência ao frio, tolerância à seca, tolerância ao estéril e resistência a doenças e pragas de insectos. Pode ser aplicada como flor perene de cobertura do solo em paisagismo em Pequim.

Referência

[1] Atkinson C.J., Brennan R.M., & Jones H.G. (2013). Declínio do arrefecimento e sua
impacto nas culturas perenes temperadas. Botânica Ambiental e Experimental. 91:48-62.

[2] Liu Zh.S., & Luo H.R., (2010). Modern seedling breeding. Science Press, Pequim.

[3] Luo L., Feng D.Q., Liu J., Wang Y.S., & Zhao J.H. (2011). O estudo preliminar sobre a resistência ao frio de damascos variantes tratados por imersão em azoto e ferro. Jornal da Universidade Agrícola de Shandong (Ciências Naturais). 42:465-470.

[4] Mahadtanapuk S., Teraarusiri W., Phanchaisri B., Yu L.D., & Anuntalabhochai S. (2013). Criação de mutantes de arroz jasmim tailandês *(Oryza sativa* L. cv. KDML 105) resistentes à doença da explosão e de alto rendimento utilizando feixes de iões de baixa energia. Nuclear Instruments and Methods in Physics Research Section B: Beam Interactions with Materials and Atoms. 307:229-234.

[5] Wang X.Y., Zhang Y.L., Zhang H.M., Yu. N. (2007). Avanço da investigação de funções bioquímicas do silício nas culturas. Ciências do Solo e Fertilizantes na China. 6:6-9.

[6] Ma Y., Lin Y., Sun L.P, Liang F., & Dong A.X. (2012). Investigação sobre o frio melhoramento da resistência de *Oenothera speciosa* em Pequim. Pratacultural

Science 29:1569-1573.

[7] Duan R.X., & Jiang H.F. (2002). Agrometeorologia. China Meteorological Press, Pequim.

[8] Chen A.K., Han R.H., Li D.Y., Lin L.L., Luo H.X., & Tang S.J. (2010). A comparação de dois métodos de determinação da condutividade eléctrica das folhas de plântulas. Jornal do Instituto de Educação de Guangdong. 30:88-91.

[9] Ye J., Chen D., & Shen Y. (2012). Análise da tolerância a baixas temperaturas de três mudas ornamentais de *michelia.* Boletim Científico da Agricultura de Anhui. 18:51-55.

[10] Zheng B.S. (2006). Técnicas de investigação em fisiologia de plântulas contemporâneas
e bioquímica. China Meteorological Press, Pequim.

[11] Kalberer S.R., Leyva-Estrada N., Krebs S.L., Arora R. (2007). Geada
O endurecimento e o reendurecimento dos botões florais de azáleas de folha caduca são influenciados pela biogeografia genotípica. Botânica Ambiental e Experimental. 59:264-275.

[12] Kim D.C., & Anderson N.O. (2006). Análise comparativa de laboratório
Métodos de congelação para estabelecer a tolerância ao frio de rizomas destacados e coroas intactas em crisântemos de jardim *(Dendranthema * grandiflora* Tzvelv.). Scientia Horticulturae. 109:345-352.

[13] Gao F.Y., Zhang J.L., Liu Z.P., & Guo F.F. (2010). Efeitos de um tratamento contínuo de baixa
stress da temperatura na condutividade eléctrica e no teor de MDA da árvore de jardim. Ciências Agrícolas de Shandong. 2:47-49.

[14] Wang B.S. (2010). Biologia das Plântulas sob Stress. Imprensa do Ensino Superior,
Pequim.

[15] Jian L.C., & Wang H. (2009). Biologia celular das plântulas sob stress. Ciência Press, Pequim.

[16] Wang L.J. (2010). Estudo da resistência ao frio de quatro mudas de Sedum tese, Universidade Florestal de Nanjing, Nanjing.

[17] Wan H. (2011). Estudo sobre os caracteres fisiológicos e bioquímicos de cashew cold resistance, tese de mestrado, Southwest Forestry University, Kunming.

MIX
Papier aus verantwortungsvollen Quellen
Paper from responsible sources
FSC® C105338

Printed by Books on Demand GmbH, Norderstedt / Germany